Un Limón
y
la fracción

Carta # 2

AUTORA

Beatriz Eugenia Ruiz Silva

FOTOGRAFÍA E ILUSTRACIÓN

Nestor Sistos García

CORRECCIÓN DE ESTILO

Carolina de los Ángeles Varela Hidalgo

Carta de Tita Bety
para mi nieta Emi

Un limón
y
la fracción

Beatriz E. Ruiz Silva, PhD

1

Un limón

$$\frac{1}{2}$$

Medio limón

$$\frac{1}{2} + \frac{1}{2} = 1$$

Dos mitades,
un limón

$1 + 1 = 2$

Uno y uno,
dos enteros esos son

Un melón

$$\frac{1}{2}$$

Medio melón

$$\frac{1}{2} + \frac{1}{2} = 1$$

Dos mitades,
un melón

1

Un melón sin fraccionar

1

Limón real

$$\frac{1}{2}$$

La mitad

Dos enteros aquí están

$$2 > 1\frac{1}{2}$$

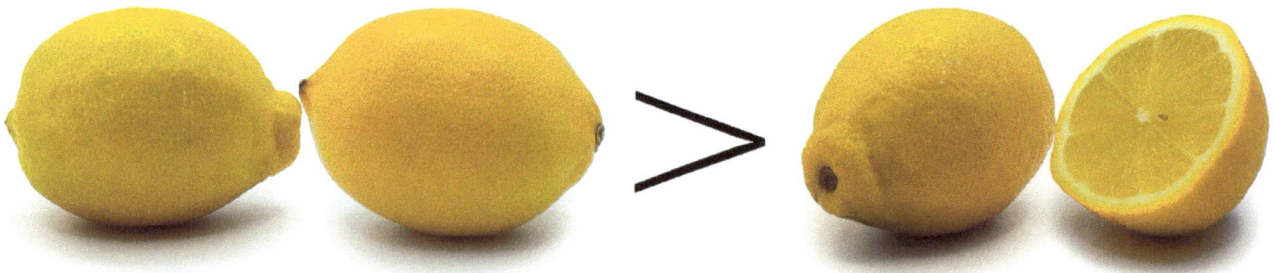

Dos es más que
un entero y la mitad

Un piñón
es difícil fraccionar

$$\frac{1}{2}$$

Ven acá
¡La mitad ahí está!

2

Dos pelados aquí están

$$1\frac{1}{2} + \frac{1}{2} = 2$$

Uno y medio,
suma medio y dos tendrás

1

Xoconostle,
la unidad

$$\frac{1}{4} + \frac{1}{4} + \frac{1}{4} + \frac{1}{4} = 1$$

En cuartitos partirás

$$\frac{1}{4} + \frac{1}{4} = \frac{1}{2}$$

Dos cuartitos,
la mitad

$$\frac{1}{2} + \frac{1}{2} = 1$$

Dos mitades,
la unidad

1

La guayaba,
una unidad

Mejor dos a fraccionar

$$\frac{4}{4} + \frac{2}{2} = 2$$

Cuatro cuartos y dos mitades
seis pedazos rendirán,
dos enteros en total

$$\frac{3}{4} + \frac{1}{4} = \frac{4}{4} = 1$$

Falta un cuarto de guayaba
para hacer una unidad

$$\frac{1}{2} > \frac{1}{4}$$

La mitad es más que un cuarto,
son felices los pequeños
que se quedan la mitad

¿Has comido ya zapote?

$$\frac{1}{2}$$

¿O apenitas la mitad?

$$\frac{1}{4}$$

Quizá un cuarto bastará

$$\frac{1}{2} + \frac{1}{2} = \frac{2}{2} = 1$$

Y si mucho te gustara
dos mitades comerás

Es muy grande la sandía

$$\frac{1}{4}$$

Solo un cuarto tomarás

$$\frac{4}{4} = 1$$

Si la partimos en cuartos
cuatro amigos comerán

$$\frac{1}{4} + \frac{1}{4} = \frac{1}{2}$$

Dos de a cuarto,
la mitad

¡Un zapote anaranjado!
No, no, no,
persimón le llamarás

$$\frac{1}{2} + \frac{1}{2} = 1$$

Dos mitades, un entero,
dos personas probarán

$$\frac{4}{4} = 1$$

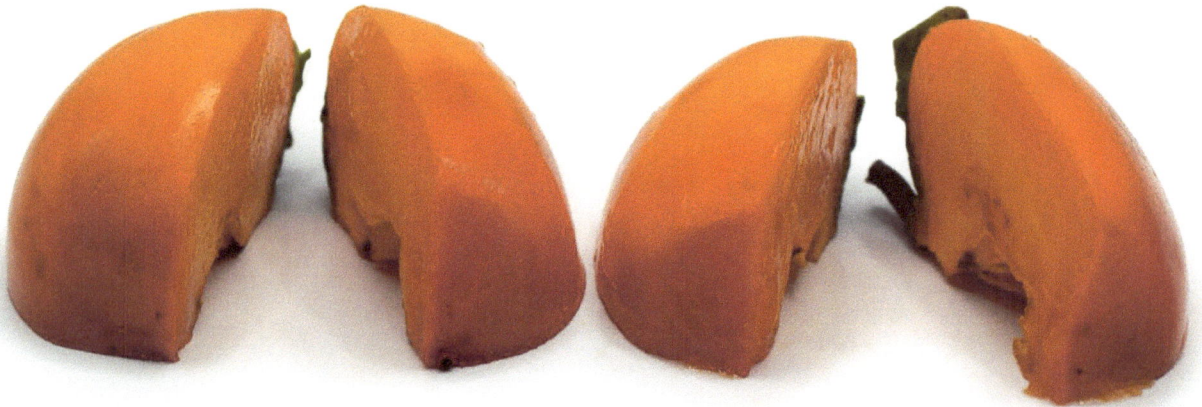

Lo partimos en cuartos
y así cuatro comerán

$$\frac{1}{4} < \frac{1}{2}$$

Un cuartito es más pequeño
y más grande la mitad

$$\frac{4}{4} + \frac{2}{2} = 2$$

Cuatro cuartos y dos mitades
dos persimones serán

$$\frac{1}{2} = \frac{2}{4}$$

Son dos cuartos
la mitad

1

Un mamey

$$\frac{1}{2}$$

Medio mamey

$$1 = \frac{1}{2} + \frac{2}{4}$$

Una mitad y dos cuartos
de un mamey resultarán

$$1 \frac{1}{2} + \frac{1}{2} = 2$$

Uno y medio no son dos,
suma medio ya verás,
dos enteros tu tendrás

1

Chirimoya,
la unidad

$$\frac{1}{2} + \frac{1}{2} = \frac{2}{2} = 1$$

Dos mitades
sumarás

$$\frac{4}{4} = 1$$

Cuatro cuartos,
la unidad

$$\frac{2}{4} = \frac{1}{2}$$

Dos cuartitos,
la mitad

1

Un chayote para el caldo

1

Espinudo está mejor

$$\frac{1}{2}$$

Agreguemos la mitad

$$\frac{4}{4} = 1$$

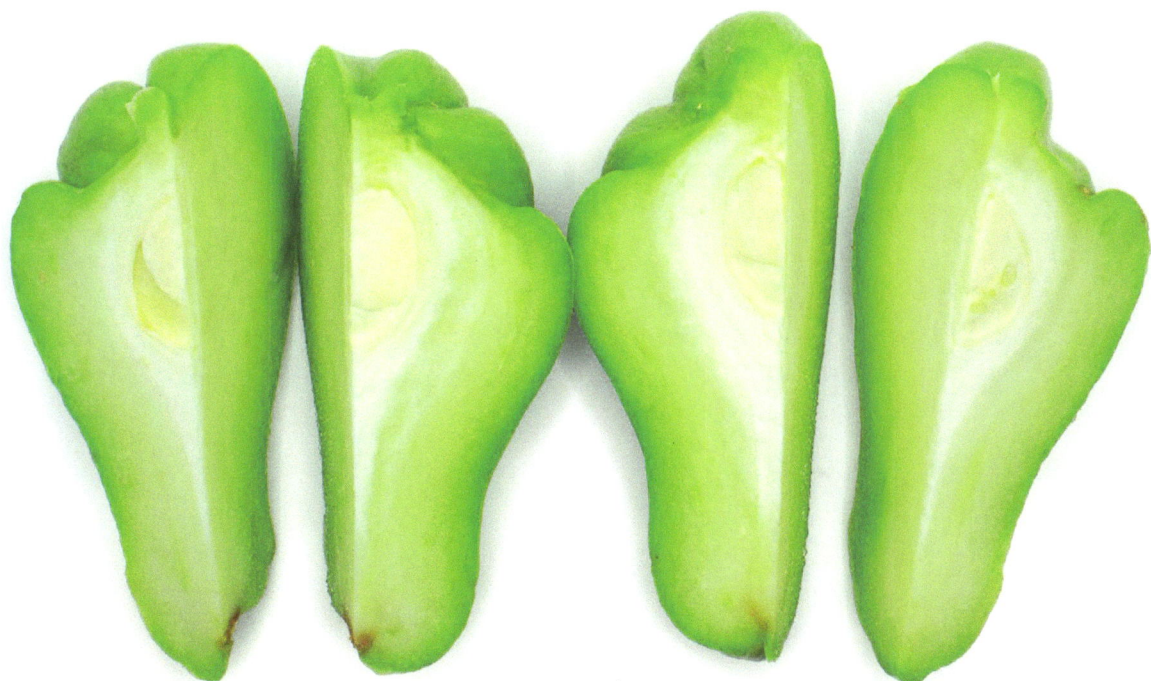

Lo partiremos en cuartos
y es más fácil degustar

$$\frac{3}{4} + \frac{1}{4} = 1$$

Tres de a cuarto,
falta uno

$$\frac{1}{2} = \frac{1}{4} + \frac{1}{4}$$

La mitad de la mitad

1

Chabacano delicioso

$$\frac{1}{2}$$

¡Aquí está la mitad!

$$\frac{1}{2} + \frac{1}{2} + \frac{1}{2} = \frac{3}{2}$$

Tres mitades
Al limón precederán

Un limón

$$\frac{1}{2}$$

Medio limón

$$1 = \frac{2}{2} = \frac{4}{4}$$

$$1 = \frac{1}{2} + \frac{1}{2} = \frac{1}{4} + \frac{1}{4} + \frac{1}{4} + \frac{1}{4}$$

$$2 = \frac{2}{2} + \frac{4}{4}$$

Emi, nena, mi pequeña,
las fracciones aquí están

$$1$$

$$\frac{1}{2} + \frac{1}{2}$$

$$\frac{1}{4} + \frac{1}{4} + \frac{1}{4} + \frac{1}{4}$$

$$\frac{2}{2}$$

$$\frac{4}{4}$$

Y todavía hay muchas más, ya
muy pronto las verás

Agradecimiento

Gracias a mis maestras, Nina Con y Tita Juanita, dos mujeres inolvidables quienes, entre sus muchos legados a mis hermanos y a mí, nos heredaron el amor, el respeto a la familia y la confianza en nosotros mismos. Con ellas aprendimos el "Yo quiero, yo puedo".

Gracias a sus enseñanzas supimos que la fama, el poder y la fortuna sin agradecimiento ni ética personal no son cualidades de admirar.

Sobre la autora

Tita Bety nació y obtuvo la licenciatura en quimicofarmacobiólogo en México y el doctorado en Ciencias en la Universidad de British Columbia, Canadá.

Realizó estudios posdoctorales en la Universidad de Columbia, Nueva York, y en la Universidad de California, Los Ángeles, ambas en Estados Unidos.

Impartió clases de verano en el instituto de Harbin, en China, y en La Universidad de California, Los Ángeles.

Tita se jubiló en 2023 de su cargo de profesora en el East Los Angeles College. Su primera actividad en su nueva misión fue terminar esta carta para su nieta Emi, *Carta #2*.

La *Carta #1* fue escrita para su primer nieto, Leo.

Sobre el ilustrador y fotógrafo

Nestor Sistos García es maestro de artes, pintor y artista visual. Graduado en Artes Visuales con énfasis en pintura y arte digital, Nestor fusiona lo tradicional y lo contemporáneo en su estilo.

Ganó el premio "Mejor Pintor Michoacano Menor de 35 años" en 2019.

Su trabajo evoca emociones y experiencias. Sus ilustraciones en *Cartas de Tita Bety: Dichos que aprendí en México* dan vida a las palabras del libro.

Explorador visual apasionado, Nestor estrecha la pintura, ilustración, fotografía y video, inspirando a otros a abrazar su creatividad en el mundo de las artes.

Sobre la correctora de estilo

Carolina de los Ángeles Varela Hidalgo nació en Santiago de Chile, donde estudió Ciencias de la Comunicación y Periodismo. En México realizó la maestría en Estudios Latinoamericanos en la Universidad Nacional Autónoma de México.

Colabora con instituciones como la Academia de Artes y Unicef, y editoriales como Santillana e Ingeniería Educativa, entre otras, y es revisora pedagógica de programas de estudios en el Instituto Politécnico Nacional.

Ha sido columnista y reportera en diversas publicaciones y ha escrito tres libros sobre problemáticas en la infancia y la adolescencia.

Críticas

"Soy una madre mexicana viviendo en Estados Unidos y este libro es exactamente lo que estaba buscando para mi familia. Tengo dos niños chiquitos y para mí es muy importante que se motiven por aprender las matemáticas encontrándolas de forma simple y clara. También me parece importante que estén orgullosos de sus raíces mexicanas. Un limón y la fracción es un libro elegante, bonito y educativo que logra hacer esto.

Me encanta este también como un *coffee table book* por las fotos tan vibrantes de las frutas, muchas de las cuales son icónicas y centrales en la comida mexicana y otras más son difíciles de encontrar fuera de México.

La repetición y forma visual de aprender las fracciones es ideal para que mis hijos entiendan estos conceptos básicos que la autora aplica al mundo de una forma simple, llamativa y elegante. ¡Es un verdadero acierto!"

- Ingrid G. Mariotti, JD

"Fractions are hard for everyone, but the author, a former professor, demonstrates that learning the basic concepts can be fun, as long as you throw in some rhymes and fresh fruit.

 Silva offers a low-stakes way for young children to begin understanding how to add and subtract wholes, halves, and quarters. The book provides visual interpretations of these amounts with colorful photos of various fruits and plants native to Mexico and the United States, including limes, pine nuts, chayote, guavas, persimmons, and mamey.

García's photographs of the fruits are crisp, high-definition, and even appetizing against the stark white backgrounds."

- *Kirkus Reviews*